BIBLIOTHÈQUE

DES ÉCOLES ET DES FAMILLES

LAVOISIER

PAR

ALBERT LÉVY

DEUXIÈME ÉDITION

PARIS

LIBRAIRIE HACHETTE ET Cie

79, Boulevard Saint-Germain, 79

1882

L'AVOISIER.

LAVOISIER

Le 8 mai 1794, une lourde charrette conduisait vingt-huit victimes à l'échafaud.

La France vivait sous un gouvernement qui porte dans l'histoire le nom de Terreur. Une assemblée nommée *Convention* avait proclamé la République, le 21 septembre 1792, et condamné à mort le roi Louis XVI. La guerre étrangère et la guerre civile désolaient notre pays; la défiance était partout.

Pour lutter contre les ennemis du dehors et de l'intérieur, la Convention employa les plus terribles moyens : tous les individus suspects étaient mis à mort. Trois guillotines étaient installées d'une manière permanente sur la place de la Concorde, à la porte Saint-Antoine et au rond-point de la barrière du Trône... Chaque jour, de petits colporteurs parcouraient les rues en criant : « Voici la liste de ceux qui ont gagné à la loterie de la sainte guillotine ! »

Les têtes « tombaient comme des ardoises ».

La journée du 8 mai était consacrée au supplice des *fermiers généraux* ; on appelait ainsi des percepteurs qui avaient acquis, moyennant une redevance fixe payée annuellement, le droit de toucher à leur profit le montant des revenus publics : impôt du sel, impôt des tabacs, produit des octrois, etc...

Sans doute ces fermiers généraux étaient pour la plupart peu intéressants ; ils saignaient souvent le peuple à la gorge et faisaient des fortunes scandaleuses. Quelques-uns cependant employaient noblement leurs richesses : Beaujon construisait un hôpital ; Helvétius, Bourret, L'Épinay secouraient les savants, les poètes et les artistes.....

La quatrième des vingt-huit victimes·immolées le 8 mai 1794 était un homme de cinquante ans, dont la vie tout entière avait été consacrée à la science et au bien de l'humanité. Cet homme de génie était le fondateur de la chimie[1] moderne : notre grand Lavoisier. « Quelques minutes suffirent pour faire tomber une de ces têtes que la nature produit à peine une fois en plusieurs siècles ! »

Lavoisier naquit à Paris, le 16 août 1743. Sa jeunesse fut studieuse : à l'âge de vingt-trois ans il envoyait à l'Académie des Sciences un mémoire sur le meilleur sys-

[1]. La chimie est la science qui étudie les actions que les corps exercent les uns sur les autres. Quand, par exemple, on chauffe ensemble du soufre et du plomb, on obtient un produit qu'on appelle galène, qui ne ressemble ni à l'un ni à l'autre de ces corps ; cette opération est du domaine de la chimie. En chimie, on cherche à isoler les différents éléments dont un corps est formé : cela s'appelle faire *l'analyse* de ce corps ; on cherche ensuite à réunir ces éléments et à reconstituer le corps primitif : cela s'appelle faire la *synthèse* de ce corps.

tème d'éclairage de Paris, et l'Académie lui décernait une médaille d'or.

On raconte que Lavoisier, ayant besoin d'apprécier l'intensité de la lumière des différentes flammes et voulant donner à ses yeux toute la sensibilité désirable, s'enferma durant plus d'un mois dans une chambre obscure dont les murs étaient tendus d'étoffes noires. Cette résolution, cette patience, font suffisamment connaître la fermeté d'esprit et le caractère de notre héros.

Lavoisier souhaitait l'indépendance que donne la fortune, afin de pouvoir se livrer entièrement aux recherches scientifiques; il sollicita et obtint une place de fermier général, afin de consacrer aux dépenses nécessitées par ses travaux les ressources considérables qu'offrait cette position. Ce fut, comme on l'a vu, une détermination fatale.

Presque au début de sa carrière, Lavoisier exécuta un admirable travail, qui seul suffirait à immortaliser son nom.

Analyse de l'air. — Pendant de longs siècles, l'air que nous respirons fut considéré comme un corps simple, comme un *élément*, servant à former d'autres substances, mais incapable lui-même d'être décomposé.

Nous savons aujourd'hui que l'air est un mélange de deux gaz, l'oxygène et l'azote; nous répétons, comme une chose cent fois évidente, qu'un morceau de charbon, en brûlant, s'empare de l'oxygène de l'air avec lequel il forme de l'acide carbonique et laisse libre l'azote. Ces vérités ne sont connues que depuis Lavoisier.

Lavoisier montra que l'air est formé de deux gaz : l'un auquel il donna le nom d'*oxygène* et qui s'unit au métal chauffé à l'air; l'autre qu'il appela *azote*, de deux mots grecs qui signifient *privant de la vie*, parce qu'il serait impossible de vivre dans une atmosphère formée exclusivement de ce gaz.

La belle expérience qui conduisit Lavoisier à cet important résultat doit être décrite dans tous ses détails.

Lavoisier prit un ballon de verre A dont le long col B était recourbé à son extrémité. Dans ce ballon, il versa quelques grammes de ce curieux métal, le mercure, qui est liquide à la température ordinaire, et il plaça ce ballon sur le feu. L'extrémité *e* recourbée du col de verre pénétrait sous une cloche G, renversée sur une cuve à mercure. Le mercure s'élevait à une certaine hauteur dans la cloche, emprisonnant ainsi un volume d'air qu'on pouvait aisément mesurer.

Lavoisier chauffe le ballon ; que se passe-t-il ?

Le mercure contenu dans le ballon se recouvre lentement de pellicules rouges qui augmentent peu à peu en nombre et en volume ; quand la calcination ne fait plus aucun progrès, au bout de douze jours environ, le feu est éteint.

En examinant la cloche, Lavoisier re-

marque que le volume de l'air emprisonné
a diminué de un sixième environ : le mercure de la cuve est monté dans la cloche.
Cet air n'a d'ailleurs plus les mêmes propriétés qu'avant l'expérience ; il n'est plus

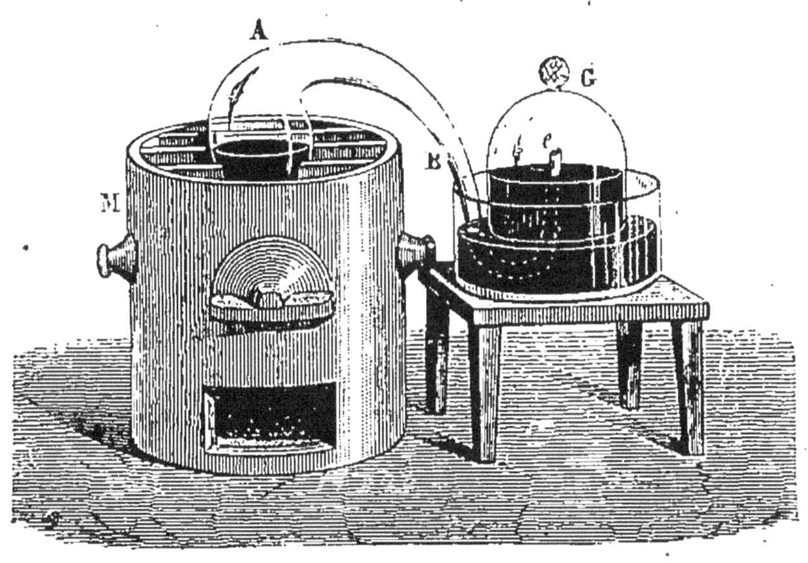

APPAREIL DE LAVOISIER.

propre à la respiration et à la combustion,
car les animaux qu'on introduit dans cet
air y périssent en peu d'instants et les lu-
mières s'y éteignent sur-le-champ, comme
si on les plongeait dans l'eau. Ce gaz est bien
celui que le chimiste Priestley a découvert

quelques années auparavant; Lavoisier lui donne le nom d'*azote*.

Lavoisier examine alors les pellicules rouges formées à la surface du mercure chauffé; il les introduit dans une seconde cornue de verre à laquelle est adapté un appareil propre à recevoir les produits liquides et gazeux qui pourraient se séparer. La cornue est placée sur le feu. Peu à peu la matière rouge perd de son volume; dans le récipient on recueille du mercure coulant, en même temps qu'il se dégage un gaz dont le volume mesuré est *précisément égal* au volume gazeux qui a disparu de la cloche dans la première partie de l'expérience.

Ce gaz a des propriétés bien remarquables : il active la combustion bien mieux que ne le ferait l'air ordinaire; une bougie allumée brûle dans ce gaz avec un éclat éblouissant ; une allumette éteinte, mais dont le bois est encore rouge, s'y rallume instantanément; le charbon, au lieu de s'y consumer paisiblement comme dans l'air

LAVOISIER FAISANT SES EXPÉRIENCES.

ordinaire, brûle avec flamme et avec une vivacité de lumière que les yeux ont peine à supporter. Lavoisier donne à ce gaz le nom d'*oxygène*.

COMBUSTION DANS L'OXYGÈNE.

On peut préparer l'oxygène en décomposant par la chaleur un métal déjà oxydé; il suffit de recommencer la seconde expérience de Lavoisier. On peut prendre soit de l'oxyde de mercure, soit de l'oxyde du métal qu'on appelle manganèse...

Dans ces derniers temps on a essayé avec succès de préparer industriellement l'oxygène en le retirant de l'air atmosphérique.

Presque au même moment où Lavoisier isolait dans l'air l'oxygène, ce gaz était découvert en Angleterre par le chimiste Priestley.

Nous venons de prononcer pour la deuxième fois le nom de Priestley et nous devons dire que l'on a souvent opposé la gloire de ce célèbre chimiste anglais à celle de notre compatriote. Il est bien vrai que la découverte de l'oxygène, celle de l'azote appartiennent à Priestley ; mais Lavoisier tira de l'étude de ces gaz les importantes conclusions que nous allons indiquer et qui ont établi les fondements de la chimie moderne. Lavoisier ne contesta d'ailleurs jamais les mérites de son concurrent : « Je dois prévenir le public, dit-il loyalement en tête d'un de ses mémoires, qu'une partie des expériences contenues dans ce mémoire ne m'appartient pas en propre ; peut-être même,

**

rigoureusement parlant, n'en est-il aucune dont M. Priestley ne puisse réclamer la première idée ; mais, comme les mêmes faits nous ont conduits à des conséquences diamétralement opposées, j'espère que si on a à me reprocher d'avoir fait des emprunts aux ouvrages de ce célèbre physicien, on ne me contestera pas au moins la priorité des conséquences. »

Coïncidence étrange! Priestley fut persécuté en Angleterre, comme Lavoisier l'était en France et, s'il ne porta pas sa tête sur l'échafaud, il fut du moins exilé de son pays; voici dans quelles circonstances :

Un homme d'État anglais ayant attaqué notre nation, Priestley le réfuta avec énergie et prit contre lui la défense de la Révolution française. La population de Birmingham, irritée contre Priestley, envahit sa maison, brisa ses instruments et mit le feu à son laboratoire!

L'Académie des sciences de Paris chargea l'un de ses membres, Condorcet, de remercier le grand savant anglais de ses sympathies pour la France et de lui manifester ses regrets de l'acte sauvage dont il avait été victime. Le gouvernement décerna à Priestley le titre de citoyen français et un de nos départements, celui de l'Orne, le nomma député.

Priestley n'accepta que le titre de citoyen français et, exilé par le gouvernement anglais, il se retira en Amérique, où il mourut en 1804.

Les habitants de Birmingham ont élevé en 1874 une statue à celui que leurs pères avaient persécuté un siècle auparavant.

La célèbre expérience de Lavoisier que nous venons de décrire, établissait donc nettement l'existence de deux gaz dans l'air atmosphérique. On se tromperait fort si l'on supposait qu'immédiatement les chimistes adoptèrent la nouvelle théorie. A Berlin, les savants brûlèrent en effigie Lavoisier coupable de ne pas suivre les errements de ses devanciers! En France même, il s'écoula un certain temps avant que les conclusions que Lavoisier tirait de ses expériences fussent acceptées par les savants. C'est ainsi qu'un chimiste cependant très distingué, Macquer, écrivait en 1778 : « M. Lavoisier m'effrayait depuis longtemps par une grande découverte qui n'allait pas à moins qu'à renverser nos anciennes théories. Son air de confiance me faisait mourir de peur. Heureusement M. Lavoisier vient de mettre sa découverte au jour et je vous assure que depuis ce temps j'ai un grand poids de moins sur l'estomac. »

Cependant les découvertes successives de Lavoisier, qui s'expliquaient si naturellement dans sa théorie, ouvrirent les yeux des plus récalcitrants. En 1785, le célèbre chimiste Berthollet [1] fit enfin amende ho-

1. Berthollet, né en 1748, avait abandonné la médecine pour se livrer à l'étude de la chimie. Ses travaux sont considérables : on lui doit la découverte des pro-

norable et se déclara solennellement, en pleine Académie, partisan de la nouvelle doctrine. Son exemple ne tarda pas à être suivi par tous les grands savants de cette époque : Monge, Condorcet, Fourcroy.

Nous venons de parler à plusieurs reprises de *doctrine nouvelle*, de *nouvelle théorie* ; le moment est venu d'expliquer en quoi consiste la révolution faite en chimie par Lavoisier.

Lavoisier montra que l'air n'est pas un corps simple, mais un mélange de deux gaz.

Lavoisier donna pour la première fois l'explication des phénomènes qui se produisent quand un corps brûle librement à l'air.

Pour la première fois, les savants ont appris, grâce à Lavoisier, en quoi consiste

priétés décolorantes du chlore, l'emploi du charbon pour purifier les eaux, la fabrication de plusieurs poudres fulminantes... Il fut, avec Lavoisier et Guyton de Morveau, le réformateur de la chimie.

***

le phénomène de la respiration chez l'homme, les animaux et les plantes.

COMBUSTION. — L'air est absolument nécessaire à la combustion. Une bougie allumée placée sous une cloche dont l'air aurait été retiré s'éteindrait immédiatement.

Pour que la bougie continue à brûler, il faut non seulement qu'il y ait de l'air sous la cloche, mais que cet air soit fréquemment renouvelé.

Quand un morceau de charbon brûle, il emprunte à l'air l'un des deux gaz dont il est formé : ce gaz est l'oxygène et le produit de la combustion porte le nom d'acide carbonique.

Quand un morceau de soufre brûle, il emprunte à l'air son oxygène et se transforme en acide sulfureux, gaz dont l'odeur irritante est bien connue de tous ceux qui viennent d'enflammer une allumette soufrée.

Quand un métal est chauffé à l'air, il

augmente de poids en absorbant l'oxygène
de l'air et en formant un corps nouveau
auquel on donne le nom d'*oxyde*. Le fer
chauffé à l'air donne de l'oxyde de fer ;
dans les mêmes circonstances le zinc, le
cuivre, le plomb, etc., donnent de l'oxyde
de zinc, de l'oxyde de cuivre, de l'oxyde de
plomb, etc...

RESPIRATION. — Tous les animaux ont
besoin d'air pour vivre. Un oiseau placé
sous la cloche d'une machine pneumatique
(machine qui sert à faire le vide) périrait
immédiatement.

Dans une chambre fermée, la respiration
devient pénible au bout de peu de temps et
l'on est obligé d'ouvrir la porte ou les fe-
nêtres afin de renouveler l'air de la
chambre.

Quand on analyse l'air d'une pièce dans
laquelle un grand nombre de personnes ont
séjourné, on reconnaît que cet air est bien
moins riche en oxygène, tandis qu'il con-

tient une forte proportion d'acide carbonique. C'est le même résultat qu'on obtient quand on analyse l'air d'une cloche sous laquelle brûle une bougie.

Lavoisier a donc montré que la respiration n'est pas autre chose qu'une combustion. En pénétrant dans nos poumons, l'air ou plutôt l'oxygène de l'air transforme le sang veineux noir en sang artériel rouge. L'homme *inspire* de l'air et *expire* un mélange d'air et d'acide carbonique. Écoutons Lavoisier résumer lui-même son admirable découverte :

« La respiration n'est qu'une combustion lente de carbone et d'oxygène semblable en tout à ce qui s'opère dans une lampe ou dans une bougie allumée ; sous ce point de vue, les animaux qui respirent sont de véritables corps combustibles qui brûlent et se consument.

» Dans la respiration, comme dans la combustion, c'est l'air atmosphérique qui fournit l'oxygène et le calorique ; mais comme dans la respiration c'est la substance même de l'animal, le sang, qui fournit le combustible, si les animaux ne réparaient pas habituellement par les aliments ce qu'ils perdent par la respiration, l'huile manquerait bientôt à la lampe, et l'animal périrait comme une lampe s'éteint quand elle manque de nourriture. Les preuves de cette identité d'effet entre la respiration et la combustion se déduisent immédiatement de l'expérience. En effet, l'air qui a servi à la respiration ne contient plus, à la sortie du poumon, la même quantité d'oxygène; il renferme non seulement du gaz carbonique, mais encore beaucoup plus d'eau qu'il n'en contient avant l'inspiration. Or, comme l'air vital (oxygène) ne peut se convertir en acide carbonique que par une addition de carbone, qu'il ne peut se convertir en eau que par une addition d'hydrogène [1], que cette

1. Nous allons parler un peu plus loin de la composition de l'eau.

double combinaison ne peut s'opérer sans que l'air vital perde une quantité de sa chaleur, il en résulte que l'effet de la respiration est d'extraire du sang une portion de carbone et d'hydrogène et d'y déposer à la place de la chaleur qui, pendant la circulation, se distribue avec le sang dans toutes les parties de l'économie animale et entretient cette température à peu près constante qu'on observe dans tous les animaux qui respirent.

» On dirait que cette analogie qui existe entre la combustion et la respiration n'avait point échappé aux poètes, ou plutôt aux philosophes de l'antiquité, dont ils étaient les interprètes et les organes. Ce feu dérobé du ciel, ce flambeau de Prométhée, ne présente pas seulement une idée ingénieuse et poétique, c'est la peinture fidèle des opérations de la nature, du moins pour les animaux qui respirent. On peut donc dire avec les anciens que le flambeau de la vie s'allume au moment où l'enfant respire

pour la première fois et qu'il ne s'éteint
qu'à sa mort. »

Nous n'ajouterons qu'un mot : une ex-

ACIDE CARBONIQUE DANS L'AIR EXPIRÉ.

périence très simple met en évidence la
production d'acide carbonique dans l'acte

de la respiration. Prenez un peu d'eau de chaux et versez-la dans un verre, puis soufflez dans cette eau, à l'aide d'un tube; vous verrez immédiatement la liqueur se troubler : il se déposera au fond du verre un précipité blanc, qui n'est autre chose que de la craie, dont le nom chimique est carbonate de chaux.

Les plantes respirent comme les animaux. C'est par l'intermédiaire de leurs parties vertes, des feuilles en particulier, que les plantes prennent à l'air son oxygène pour brûler le charbon contenu dans leurs tissus.

En outre, les plantes utilisent comme aliment le charbon que contient l'acide carbonique qu'on rencontre toujours dans l'air; elles conservent ce charbon et exhalent de l'oxygène.

Ainsi les plantes agissent donc de deux façons en apparence contradictoires sur l'air. D'un côté elles absorbent de l'oxygène et dégagent de l'acide carbonique : c'est en cela que consiste la respiration. D'un autre côté, elles emmagasinent du charbon, et dégagent de l'acide carbonique : c'est en cela que consiste le phénomène de la nutrition.

Dans le jour, l'alimentation l'emporte sur la respiration et le résultat de l'action de la plante sur l'air atmosphérique est un dégagement d'oxygène.

Durant la nuit, au contraire, c'est le phénomène de respiration qui l'emporte : la plante dégage de l'acide carbonique.

Voilà pourquoi les plantes à feuillage vert assainissent un appartement pendant le jour et pourquoi il est extrêmement dangereux de les laisser la nuit dans nos chambres à coucher.

COMPOSITION DE L'EAU. — En 1766, le chimiste Cavendish[1] découvrait un nouveau gaz qui brûlait à l'air en donnant une flamme

1. Cavendish, célèbre chimiste anglais, naquit à Nice en 1731. On lui doit la découverte de l'hydrogène, le calcul du poids de la terre, une mesure de l'attraction

assez pâle. On remarqua bientôt qu'en présentant un corps froid, une soucoupe par exemple, devant cette flamme, cette soucoupe se recouvrait de gouttelettes d'eau. Ce gaz, d'abord appelé gaz inflammable, prit dès lors le nom d'*hydrogène*, qui veut dire, en grec, « j'engendre l'eau. »

La curieuse observation de Cavendish fut un trait de lumière pour Lavoisier. Si l'hydrogène en brûlant, c'est-à-dire en se combinant avec l'oxygène de l'air, donne de l'eau, c'est que l'eau n'est pas un *élément*, comme on l'avait cru jusque-là, mais un composé d'oxygène et d'hydrogène.

Le 24 juin 1783, Lavoisier et Laplace reprirent en grand l'expérience de Cavendish. Ils enflammèrent, à l'aide de l'étincelle électrique, un mélange des deux gaz oxygène et hydrogène ; l'eau recueillie fut pesée. On avait au préalable mesuré les volumes des gaz employés.

produite par notre globe sur les objets placés à sa surface, etc.....

Cette *synthèse*, cette reconstitution de l'eau avec les éléments dont elle est formée, tranchait victorieusement la question. Lavoisier compléta cette belle expérience en faisant avec Meunier l'*analyse* de l'eau : il fit passer de la vapeur d'eau sur du fer porté à la température rouge ; l'eau fut décomposée, le fer retint l'oxygène et le gaz hydrogène put être recueilli.

De ces expériences, Lavoisier conclut que 2 litres de vapeur d'eau contiennent 1 litre d'oxygène et 2 litres d'hydrogène : ces 3 litres ont donc été réduits à 2 après la combinaison.

Quand on veut reconstituer l'eau avec ses deux éléments, on peut, comme l'a fait Lavoisier, enflammer ces deux gaz à l'aide d'une étincelle électrique ; on peut encore tout simplement présenter une bougie allumée à l'orifice d'un flacon dans lequel l'oxygène et l'hydrogène ont été enfermés. Dans ce cas, il se produit une détonation extrêmement violente ; le flacon est parfois brisé. L'opérateur doit avoir le soin d'entourer le flacon d'un linge très épais afin de se préserver des éclats du verre.

L'hydrogène sert à gonfler les aérostats. On le prépare le plus ordinairement en décomposant l'eau par un métal en présence de l'acide sulfurique, liquide très dangereux à manier, connu dans le commerce sous le nom d'huile de vitriol. On choisit comme métal de préférence le zinc.

Les travaux de Lavoisier sont si multiples que leur simple énumération couvrirait plusieurs pages de ce petit volume. Un fait caractéristique va nous rappeler cette heureuse fécondité du grand chimiste. Dans le recueil des travaux de l'Académie des sciences de l'année 1782, on lit cette phrase : « Cette année, M. Lavoisier a fourni tant de mémoires, qu'il a été impossible de les publier tous ! »

En chimie, Lavoisier trouva la véritable composition des matières organiques; il montra que l'immense variété des plantes qui vivent à la surface du sol et au sein des eaux douces ou salées, que les animaux, si différents entre eux par leur organisation, leurs mœurs, leurs fonctions, sont formés de tissus dont les éléments sont identiques dans toute la série des êtres vivants ; et ces éléments dont sont formés à la fois le corps de l'homme et l'enveloppe de ces êtres inférieurs dont le microscope seul révèle l'existence sont au nombre de quatre : l'oxygène, l'hydrogène, le carbone ou charbon, l'azote !

Lavoisier nous apprit la véritable composition du diamant, question qui avait toujours paru insoluble. En soumettant un diamant à la chaleur produite par les rayons solaires concentrés par un verre ardent et en recueillant le gaz dégagé, il conclut que le diamant était du carbone (charbon) pur, donnant par sa combustion la même quantité d'acide carbonique que si on avait brûlé à sa place un poids égal de charbon.

Lavoisier, enfin, créa avec Fourcroy, Guyton de Morveau et Berthollet cette belle

nomenclature chimique, adoptée aujour-
d'hui encore, et qui jeta la clarté dans le
chaos de l'ancienne chimie.

Nous avons parlé des travaux de Lavoisier sur la respiration ; nous pourrions citer
les belles expériences dont la physique lui
est redevable, mais il faut se borner. Nous
nous contenterons de publier une note de
cet illustre savant, note trouvée dans ses
papiers après sa mort et dans laquelle il
signale lui-même les travaux dont il est le
plus fier. Voici ce qu'il écrit :

« Cette théorie de la combustion n'est
pas, comme je l'entends dire, la théorie des
chimistes français ; elle est *la mienne* et
c'est une propriété que je réclame auprès
de mes contemporains et de la postérité.
D'autres, sans doute, y ont ajouté de nou-
veaux degrés de perfection, mais on ne
pourra pas me contester, j'espère, toute la
théorie de l'oxydation et de la combustion ;
l'analyse et la décomposition de l'air par
les métaux et les corps combustibles ; la

COMBUSTION DU DIAMANT.

théorie de l'acidification ; des connaissances plus exactes sur un grand nombre d'acides, notamment des acides végétaux ; les premières idées de la composition des substances végétales et animales ; la théorie de la respiration, à laquelle Seguin a concouru avec moi. »

Certains chimistes allemands ont reproché à Lavoisier de n'avoir découvert ni l'oxygène, ni l'azote, ni l'hydrogène et d'avoir étayé sa belle théorie, acceptée par tous, sur les travaux de ses devanciers. Le reproche est vraiment singulier ! Ce qui fait la gloire du génie de Lavoisier, ce n'est pas d'avoir enrichi de menus faits le domaine de la chimie, mais d'avoir fondé cette science en débrouillant le chaos dans lequel elle était plongée.

L'illustre continuateur de Lavoisier, M. Dumas, l'a dit en termes excellents : « Si la chimie est une science nouvelle, les phénomènes chimiques sont aussi anciens que le monde... ce n'est pas d'hier que les hommes les connaissent. Lavoisier ne les a pas découverts ; ils existaient, seulement il les a rangés à leur vraie place. Il n'a pas découvert les actions que les corps exercent les uns sur les autres ; les arts les connaissaient, les laboratoires savaient en tirer profit ; seulement il en a donné l'explication, la théorie. » Et notre compatriote M. Würtz a pu dire avec raison : « La chimie est une science française ; elle fut constituée par Lavoisier, d'éternelle mémoire. »

Les questions scientifiques n'étaient pas les seules dont s'occupât le génie de Lavoisier : « Il fut un des premiers, sous Louis XVI, à réclamer la diminution générale des impôts... Nommé député suppléant à l'Assemblée constituante, il fit partie de la commission chargée du Trésor public et publia un curieux Rapport sur l'état des finances au 1er janvier 1792. » L'Assemblée nationale avait décrété l'impression de son « Traité de la richesse nationale de la France ». Enfin Lavoisier fut un des membres de cette grande Commission qui fut chargée par la Convention d'établir un système uniforme de poids et de mesures.

Depuis longtemps, Lavoisier avait abandonné sa charge de fermier général quand, sur la dénonciation d'un ancien domestique de son beau-père, il fut décrété d'arrestation.

L'acte d'accusation lui reprochait « d'être auteur ou complice d'un complot contre le peuple français; d'avoir mêlé au tabac de l'eau et des ingrédients nuisibles à la santé des citoyens qui en feraient usage; d'avoir pillé le peuple et le bien national..... »

« Lavoisier, apprenant qu'il doit être arrêté, erre seul dans les rues de Paris, n'osant demander à un ami le dangereux service d'une retraite. Enfin, dans la soirée, le hasard lui fait rencontrer un huissier de l'Académie des sciences, le vieux Lucas, qui, tremblant, le ramène avec lui, et le cache dans un des coins les plus retirés du Louvre, où l'Académie tenait alors ses séances. »

Mais Lavoisier apprend que son beau-père et tous ses collègues sont arrêtés; il croit que l'honneur l'oblige à partager leurs périls et, sans hésiter, court se constituer prisonnier.

Dans son cachot, Lavoisier s'occupe de l'impression de ses œuvres « avec un calme et une sérénité dignes des temps antiques », selon l'expression de Cuvier.

Le 6 mai, les accusés comparaissent devant le tribunal révolutionnaire. Lavoisier, s'oubliant lui-même, ne songe qu'à défendre ses collègues. Défense vaine! l'arrêt était prononcé à l'avance. Tous les accusés sont condamnés à mort; l'exécution doit avoir lieu dans deux jours!

Lavoisier demande un sursis, « dans la vue, dit-il, de terminer des expériences salutaires à l'humanité »; il s'agissait de recherches sur la transpiration et sur la chaleur animale.

« Si ce sursis m'est accordé, dit-il, je compléterai mes travaux et alors je ferai

volontiers le sacrifice de ma vie à la patrie. »
Un sursis, c'était la vie ! Deux mois après,
en effet, la mort de Robespierre mettait fin
au gouvernement de la Terreur, les lois ré-
volutionnaires étaient abolies, les prison-
niers étaient mis en liberté. Lavoisier, sauvé
de l'échafaud, continuait ses admirables
recherches et dotait la science de nouvelles
découvertes. Hélas! ce sursis lui fut refusé.

Personne ne sollicita pour Lavoisier,
tant la crainte glaçait les courages. Où
donc étaient les membres de l'Académie,
où donc étaient les collègues, les collabo-
rateurs de Lavoisier?

Le 8 mai 1794, la hache révolutionnaire
tranchait la tête du plus illustre des savants
français.

FIN

PARIS. — IMPRIMERIE ÉMILE MARTINET, RUE MIGNON, 2.